FORSCHUNGSBERICHTE DES LANDES NORDRHEIN-WESTFALEN

Nr. 1942

Herausgegeben im Auftrage des Ministerpräsidenten Heinz Kühn
von Staatssekretär Professor Dr. h. c. Dr. E. h. Leo Brandt

Prof. Dr. Erich Huster
Dr. Lothar Wallek
Dipl.-Phys. Wolfgang Hoffmann

Institut für Kernphysik der Universität Münster

Relativmessung der longitudinalen Polarisation der β-Teilchen des Eu^{152}

WESTDEUTSCHER VERLAG · KÖLN UND OPLADEN 1968

ISBN 978-3-663-06670-5 ISBN 978-3-663-07583-7 (eBook)
DOI 10.1007/978-3-663-07583-7

Verlags-Nr. 011942

Gesamtherstellung: Westdeutscher Verlag

Inhalt

1. Einleitung 5

2. Theorie des β-Zerfalls 6

   2.1 Wechselwirkungsansatz und Klassifikation der Übergänge 6
   2.2 Zusammenhang zwischen Theorie und Meßgrößen des β-Zerfalls 7
   2.3 Einfach-verbotene Übergänge 8
   2.4 Abweichungen von der ξ-Approximation 9

3. Bisherige Untersuchungen des $(3^- \rightarrow 2^+)$ — β-Zerfalls von Eu^{152} 11

4. Meßmethode 13

5. Aufbau der Apparatur 16

   5.1 Spektrometer 16
   5.2 Streufolie 18
   5.3 Elektronik 20

6. Quellenherstellung 21

7. Meßergebnisse 22

   7.1 P^{32} 22
   7.2 Eu^{152} 23

8. Diskussion 24

9. Zusammenfassung 27

Literaturverzeichnis 28

1. Einleitung

Der Spin von Elektronen kann in einer vorgegebenen Richtung z die Werte $+\frac{1}{2}\hbar$ bzw. $-\frac{1}{2}\hbar$ annehmen. Man definiert die Polarisation eines Elektronenstrahls in bezug auf die Richtung z als

$$P_z = \frac{N_+ - N_-}{N_+ + N_-}$$

Dabei ist N_+ die Anzahl der Teilchen mit der Spinkomponente $+\frac{1}{2}\hbar$, N_- die mit der Komponente $-\frac{1}{2}\hbar$. Bei einem unpolarisierten Strahl von Elektronen ist jede Spinrichtung gleich wahrscheinlich. Mott [1] hatte 1929 eine Polarisation als Folge der Spin-Bahn-Kopplung für einen Strahl von Elektronen vorhergesagt, die an schweren Atomkernen gestreut worden waren. Die ersten Versuche, polarisierte Elektronenstrahlen herzustellen, setzten schon kurz nach den theoretischen Arbeiten von Mott ein. Zunächst scheiterten jedoch alle Versuche, auf diese Art polarisierte Elektronen zu erzeugen, an den großen experimentellen Schwierigkeiten. Erst 1942 gelang es, die Theorie von Mott zu bestätigen.

Da der Spin der Elektronen eine Drehbewegung repräsentiert, ist für eine Polarisation in Impulsrichtung (»longitudinale Polarisation«) mit dem Impuls zusammen ein Schraubensinn definiert. Bis 1956 galt es als selbstverständlich, daß β-Teilchen unpolarisiert sein müssen, da sonst die Invarianz gegenüber Raumspiegelungen (Parität) verletzt wäre. Erst als 1957 C. S. Wu die Vermutung von Lee und Yang, daß die Parität bei schwachen Wechselwirkungen nicht erhalten bleibt, experimentell bestätigen konnte, untersuchte man die Polarisation der β-Teilchen. Frauenfelder und Mitarbeiter [2] konnten zeigen, daß die β-Teilchen longitudinal polarisiert sind. Dabei steht der Spin der β^--Teilchen bevorzugt antiparallel, der der β^+-Teilchen bevorzugt parallel zum Impuls. Die ersten Polarisationsmessungen an β-Teilchen dienten ausschließlich dazu, den von der neuen Theorie vorausgesagten Polarisationsgrad $\frac{v}{c}$ (v = Elektronengeschwindigkeit, c = Lichtgeschwindigkeit) experimentell zu bestätigen und damit den Grad der Paritätsverletzung festzustellen. Es zeigte sich, daß innerhalb der relativ großen Meßfehler von mehr als 10% die Polarisation bei allen erlaubten und den meisten einfach-verbotenen β-Übergängen $\frac{v}{c}$ beträgt. Lediglich die Polarisation der β-Teilchen des RaE wich etwa 25% von diesem Werte ab. Die Polarisationsmessung beim RaE ergab wichtige Informationen für die Berechnung der Kernmatrixelemente dieses Überganges. Damit eröffnete sich eine neue Möglichkeit, aus Untersuchungen des radioaktiven Zerfalls der Atomkerne Aussagen über ihre Struktur zu erhalten. Wenn das β-Spektrum eines einfach-verbotenen Übergangs mit einer Kernspinänderung $\Delta I = 0$ oder $\Delta I = \pm 1$ von der Form des Spektrums bei erlaubten Übergängen abweicht, wird im allgemeinen auch die Polarisation vom Werte $\frac{v}{c}$ abweichen. Allerdings ist (außer beim RaE) nur eine Abweichung von einigen Prozent zu erwarten. Während die großen Fehler der ersten Polarisationsmessungen die Bestimmung einer so kleinen Abweichung nicht zuließen, kann man heute mit einem erheblich größeren experimentellen

Aufwand und bei entsprechend langer Meßzeit den Fehler auf etwa 3–4% (in günstigen Fällen sogar bis auf ca. 2%) herabdrücken. Damit können die Ergebnisse der Polarisationsmessungen neben den anderen Meßdaten des β-Zerfalls zur Berechnung der Kernmatrixelemente benutzt werden.

2. Theorie des β-Zerfalls

2.1 Wechselwirkungsansatz und Klassifikation der Übergänge

Die Theorie des β-Zerfalls geht auf einen Ansatz von Fermi zurück. Nach der Störungsrechnung ist die Wahrscheinlichkeit für den Übergang vom Zustand 1 in den Zustand 2 gegeben durch:

$$W_{1,2} = \frac{2\,\pi}{\hbar}\,|\mathfrak{H}_{1,2}|^2\,\frac{dn}{dW_0}$$

Dabei soll $\mathfrak{H}_{1,2}$ das Matrixelement des Überganges bezeichnen. Es wird aus der Wechselwirkungsdichte H berechnet:

$$\mathfrak{H}_{1,2} = \sum_{k=1}^{A} \int H d\tau_k$$

A = Anzahl der Nukleonen im Kern

dn ist die Zahl der Endzustände im Intervall dW_0, wobei W_0 die beim Prozeß auftretende Gesamtenergie ist.

Nach Entdeckung der Partitätsverletzung beim β-Zerfall setzt man für die Wechselwirkungsdichte H an:

$$H = \frac{g}{\sqrt{2}}\,[\bar{\psi}_f \gamma_\mu (C_V - C_A \gamma_5)\,\psi_i]\,[\bar{\psi}_e \gamma_\mu\,(1 + \gamma_5)\,\psi_\nu] + \text{konj. kompl.}$$

$g \cdot C_V$ = Kopplungskonstante der vektoriellen Wechselwirkung
$g \cdot C_A$ = Kopplungskonstante der axialvektoriellen Wechselwirkung
ψ_i, ψ_f = Wellenfunktionen des Kerns im Anfangs- bzw. Endzustand
ψ_e, ψ_ν = Wellenfunktionen von Elektron und Neutrino
γ_μ = Dirac-Matrizen
γ_5 = $\gamma_1\gamma_2\gamma_3\gamma_4$

Die Größen in den eckigen Klammern werden Baryonenstrom bzw. Leptonenstrom genannt.

Die Integration im Matrixelement erstreckt sich über das Kernvolumen. Für die Leptonenwellenfunktion sind also nur die Werte für $r \leqq R$ (R = Kernradius) wichtig. Für die meisten β-Zerfälle ist $k \cdot R \ll 1$, wobei $k = \frac{p}{\hbar}$ die Wellenzahl ist. Es ist deshalb zweckmäßig, den Leptonenstrom nach Bahndrehimpulsen des Elektron-Neutrino-Paares zu entwickeln; ein Multipolterm der Ordnung l enthält den Faktor $(k \cdot R)^l$. Aufeinanderfolgende Multipolterme unterscheiden sich dann etwa um eine Größenordnung und führen damit zu Übergangswahrscheinlichkeiten, die um zwei Größenordnungen verschieden sind.

Je nach der Wahrscheinlichkeit der Übergänge unterscheidet man zwischen erlaubten, einfach-verbotenen, zweifach-verbotenen usw. Jede dieser Gruppen wird durch Drehimpuls- und Paritätsauswahlregeln charakterisiert. In der Tab. 1 sind diese für die erlaubten und für die einfach-verbotenen Übergänge mit den zugehörigen Kernmatrixelementen dargestellt. Es ist üblich, die Kernmatrixelemente für den β-Zerfall als Integral über den Übergangsoperator zu schreiben, wobei die Wellenfunktionen des Anfangs- und Endzustandes weggelassen werden, z. B.:

$$\int \vec{\sigma} \equiv \int \psi_f^+ \vec{\sigma}\, \psi_i \, d\tau$$

Tab. 1 Kernmatrixelemente und Auswahlregeln

	Matrixelement	L	l	s	ΔI	$\Delta\pi$
Erlaubte Übergänge	$C_V \cdot \int 1$	0	0	0	0	+1
	$C_A \cdot \int \vec{\sigma}$	1	0	1	0, ± 1	+1
Einfach-verbotene Übergänge	$C_A \cdot \int \gamma_5$	0	0	0	0	—1
	$C_A \cdot \int \vec{\sigma} \cdot \vec{r}$	0	1	1	0	—1
	$C_V \cdot \int \vec{r}$	1	1	0	0, ± 1	—1
	$C_V \cdot \int \vec{\alpha}$	1	0	1	0, ± 1	—1
	$C_A \cdot \int (\vec{\sigma} \times \vec{r})$	1	1	1	0, ± 1	—1
	$C_A \cdot \int B_{ij}$	2	1	1	0, ± 1, ± 2	—1

L = Gesamtdrehimpuls des Elektron-Neutrino-Feldes
l = Bahndrehimpuls des Elektron-Neutrino-Feldes
s = Gesamtspin des Elektron-Neutrino-Feldes
ΔI = Änderung des Kernspins
$\Delta\pi$ = Auswahlregeln für Parität

$$\int B_{ij} = \int [\sigma_i x_j + \sigma_j x_i - \tfrac{2}{3} \delta_{ij} (\vec{\sigma} \cdot \vec{r})]$$

2.2 Zusammenhang zwischen Theorie und Meßgrößen des β-Zerfalls

Die hier interessierenden Meßgrößen beim β-Zerfall sind:

a) ft-Wert

Die Halbwertszeit t eines Strahlers hängt von der Zerfallsenergie und der Größe des Übergangsmatrixelementes ab. Durch Multiplikation mit einer aus dem statistischen Faktor $\frac{dn}{dW_0}$ berechneten Funktion f erhält man eine energieunabhängige Größe, die nur noch vom Matrixelement bestimmt wird. Jetzt kann man Übergänge mit sehr verschiedenen Zerfallsenergien vergleichen. Man nennt deshalb den ft-Wert die »vergleichbare Halbwertszeit«.

b) Spektrumsfaktor C(W)

Bei allen erlaubten und den meisten einfach-verbotenen β-Übergängen ist das Übergangsmatrixelement energieunabhängig. Die Form des β-Spektrums wird dann allein durch den statistischen Faktor $\frac{dn}{dW_0}$ bestimmt (»erlaubte« Form). Bei einigen einfach-verbotenen Übergängen tritt zusätzlich eine schwache Energieabhängigkeit durch das

Matrixelement auf, die durch den Spektrumsfaktor $C(W)$ als Korrektur am erlaubten Spektrum beschrieben wird.

c) Longitudinale Polarisation der β-Teilchen

Als Folge der Paritätsverletzung ist die Polarisation eines Strahls von β-Teilchen in bezug auf deren Impulsrichtung von Null verschieden. Der Grad dieser »longitudinalen« Polarisation P_L ist für alle erlaubten und die meisten einfach-verbotenen Übergänge $P_L = \mp \left(\frac{v}{c}\right)$, d. h. der Spin der β^--Teilchen steht bevorzugt antiparallel (bei β^+-Teilchen parallel) zum Impuls.

d) β–γ-Korrelationen

Wenn der β-Übergang auf ein angeregtes Niveau des Tochterkerns führt, sind zwei Arten von Korrelationsmessungen zwischen den β-Teilchen und den darauffolgenden γ-Quanten möglich:

I. β–γ-Winkelkorrelation

Dabei untersucht man die Wahrscheinlichkeit für das Auftreten eines bestimmten Winkels $\Theta_{\beta\gamma}$ zwischen den Emissionsrichtungen von β-Teilchen und γ-Quant. Diese Wahrscheinlichkeit wird beschrieben durch die Korrelationsfunktion:

$$F(\Theta_{\beta\gamma}, W) = 1 + A_2(W)\, P_2\,(\cos \Theta_{\beta\gamma})$$

P_2 = Legendresches Polynom

$A_2(W)$ ist der »Richtungs-Korrelationskoeffizient«. Für alle erlaubten und die meisten einfach-verbotenen β-Übergänge ist $A_2(W) \approx 0$, d. h. die Verteilung ist isotrop.

II. β–γ_{zirkular}-Korrelation

Wenn die Emission der β-Teilchen relativ zum Kernspin asymmetrisch erfolgt, muß nach der Drehimpulserhaltung eine Korrelation zwischen Emissionsrichtung der β-Teilchen und der zirkularen Polarisation einer anschließend unter dem Winkel $\Theta_{\beta\gamma}$ emittierten γ-Strahlung bestehen. Der Grad der zirkularen Polarisation P_c ist eine Funktion des Winkels $\Theta_{\beta\gamma}$ und der Elektronenenergie W.

2.3 Einfach-verbotene Übergänge

Die exakten Formeln für die verschiedenen Meßgrößen enthalten Kombinationen der Kernmatrixelemente mit den Termen der Multipolentwicklung der relativistischen Wellenfunktionen für Elektron und Neutrino. Für erlaubte Übergänge sind diese Ausdrücke noch relativ einfach, da hier nur zwei Matrixelemente vorkommen und lediglich der erste Term der Multipolentwicklung berücksichtigt wird. Bei einfach-verbotenen Übergängen werden diese Ausdrücke jedoch sehr kompliziert und gestatten keine Diskussion der Energie- bzw. Winkelabhängigkeit an Hand der exakten Formeln. Eine Energie- bzw. Winkelabhängigkeit der Meßgrößen, die von der für erlaubte Übergänge abweicht, kann nur durch die höheren Terme der Multipolentwicklung der Leptonenwellenfunktion auftreten. Das bedeutet, daß die relativistischen Matrixelemente $\int \gamma_5$ und $\int \vec{\alpha}$ zu Meßgrößen führen, die das gleiche Verhalten zeigen wie die bei erlaubten Übergängen. Ein davon abweichendes Verhalten kann nur von Matrixelementen herrühren, die den Ortsvektor $\vec{r}$ enthalten. Hier gibt es zwei Grenzfälle, bei denen die Ausdrücke für die verschiedenen Meßgrößen als Funktion der Matrixelemente eine relativ einfache Gestalt annehmen: Die ξ-Approximation und die »unique«-verbotenen Übergänge.

Der Parameter ξ dient als Abkürzung für die häufig auftretende Größe $\frac{\alpha \cdot Z}{2\varrho}$. Dabei ist α die Feinstrukturkonstante, Z die Ordnungszahl des Kerns und ϱ der Kernradius in Einheiten von λ_C, wobei λ_C die durch 2π dividierte Comptonwellenlänge des Elektrons ist. Die Coulombenergie eines Elektrons am Kernrand beträgt (in Einheiten der Ruhenergie des Elektrons) $2\xi = \frac{\alpha \cdot Z}{\varrho}$. Bei den meisten β-Übergängen ist $\xi \gg W_0$. Deshalb ist der Einfluß des Coulombfeldes auf die Wellenfunktion des Elektrons beträchtlich. Dieser Einfluß hängt aber von der relativen Orientierung des Bahndrehimpulses und des Spins ab:

a) Bei paralleler Einstellung ($j = l + \frac{1}{2}$, wobei j die Quantenzahl des Gesamtdrehimpulses eines Elektrons ist) ist die Modifikation durch das Coulombfeld nur gering; die Wellenfunktion unterscheidet sich nicht sehr von der eines freien Elektrons. Einfach-verbotene Übergänge, bei denen Spin und Bahndrehimpuls des Elektron-Neutrino-Feldes parallel stehen, werden durch ein einziges Matrixelement $\int B_{ij}$ beschrieben und tragen daher die Bezeichnung »unique«-verbotene Übergänge. Hier kann sich der Multipolterm mit $l = 1$ voll auswirken und führt zu einer Energie- bzw. Winkelabhängigkeit der verschiedenen Meßgrößen. Da außer $\int B_{ij}$ kein anderes Matrixelement zum Übergang beiträgt, kann $\int B_{ij}$ aus den Meßgrößen eindeutig bestimmt werden.

b) Wenn Bahndrehimpuls und Spin antiparallel stehen ($j = l - \frac{1}{2}$), hat das Coulombfeld einen starken Einfluß auf die Wellenfunktion. Man entwickelt die Elektronenwellenfunktion nach fallenden Potenzen von ξ. Die Ausdrücke für die verschiedenen Meßgrößen enthalten dann als erstes Glied einen Term mit ξ^2, der von der Energie nicht abhängt. Bei den meisten einfach-verbotenen β-Übergängen ist dieser Term groß gegen die folgenden energieabhängigen Terme; daher können diese vernachlässigt werden (»ξ-Approximation«). Man erhält dann für die verschiedenen Meßgrößen die gleichen Ausdrücke wie bei erlaubten Übergängen, wenn man die beiden erlaubten Matrixelemente durch eine Linearkombination der einfach-verbotenen Matrixelemente ersetzt:

$$-C_V \int 1 \text{ wird ersetzt durch: } C_A \int \gamma_5 + \xi C_A \int \vec{\sigma} \cdot \vec{r}$$

$$C_A \int \vec{\sigma} \text{ wird ersetzt durch: } C_V \int \vec{\alpha} + \xi C_A \int (\vec{\sigma} \times \vec{r}) + \xi C_V \int \vec{r}$$

Damit zeigen die Meßgrößen der einfach-verbotenen β-Übergänge, für die die ξ-Approximation anwendbar ist, die gleiche Energie- und Winkelabhängigkeit wie die Meßgrößen der erlaubten Übergänge. Durch eine β-γ_{zirkular}-Korrelationsmessung kann das Verhältnis und zusammen mit dem ft-Wert die absolute Größe beider Linearkombinationen bestimmt werden, die Matrixelemente selbst erhält man nicht. Das Interesse konzentrierte sich daher auf die wenigen Übergänge, bei denen eine Abweichung von der ξ-Approximation auftritt.

2.4 Abweichungen von der ξ-Approximation

Eine Abweichung von der ξ-Approximation kann aus verschiedenen Gründen auftreten:

a) Für leichtere Kerne und hohes W_0 wird die Bedingung $\xi \gg W_0$ nicht mehr erfüllt sein.

b) Der energieunabhängige Term mit ξ^2 in den Ausdrücken für die verschiedenen Meßgrößen enthält eine Linearkombination der Matrixelemente. Es ist möglich, daß diese Matrixelemente sich zufällig gegenseitig weitgehend wegheben (»cancellation effect«). Ein bekanntes Beispiel dafür ist RaE.

c) Die Matrixelemente können durch zusätzliche Auswahlregeln stark reduziert sein, so daß hier ebenfalls wie bei (b) der Term mit ξ^2 klein wird (»selection rule effect«). Diese zusätzlichen Auswahlregeln stammen aus dem Schalenmodell oder Kollektivmodell. Für Eu^{152} ist die K-Auswahlregel wichtig.
Im Kollektivmodell wird die Projektion des Gesamtdrehimpulses I eines deformierten Kerns auf seine Symmetrieachse mit K bezeichnet. Für den Übergang eines Kerns aus dem Zustand (K_i, I_i, π_i) in den Zustand (K_f, I_f, π_f) gilt neben den Auswahlregeln für den Gesamtdrehimpuls I und die Parität π noch die zusätzliche Auswahlregel

$$|K_i - K_f| \leqq L \leqq K_i + K_f$$

L = Gesamtdrehimpuls des Elektron-Neutrino-Feldes

Für einen Übergang von (3, 3, —) nach (0, 2, +) sind von der Drehimpulsauswahlregel her die Werte $L = 1, 2, 3, 4, 5$ möglich, von der K-Auswahlregel her jedoch nur $L = 3$. Da K jedoch keine gute Quantenzahl ist, kann in erster Näherung K durch $K' = K \pm 1$ ersetzt werden. Dies führt zu Übergängen mit $L = 2$, die durch das $\int B_{ij}$-Matrixelement bestimmt werden. Hier wird der Übergang ein Verhalten zeigen, das dem eines unique-verbotenen Überganges ähnlich ist, da zu diesem nur das $\int B_{ij}$-Matrixelement beitragen kann.
Zusammenfassend kann man sagen: Beim »selection rule effect« sind die einfach-verbotenen Matrixelemente mit Ausnahme des $\int B_{ij}$-Matrixelementes stark reduziert. Als Folge davon ist der ft-Wert erheblich größer als für die anderen einfach-verbotenen Zerfälle. Ferner zeigt sich eine schwache Energie- bzw. Winkelabhängigkeit der verschiedenen Meßgrößen, die der eines unique-verbotenen Überganges ähnlich ist. Hier ergibt sich die Möglichkeit, aus den Meßgrößen die Matrixelemente zu berechnen. Die Abhängigkeit der verschiedenen Meßgrößen von den Matrixelementen hat KOTANI [3] in vereinfachter Form angegeben. Er benutzte dabei als »Kernparameter« u, v, w, x, y, z die Verhältnisse der verschiedenen Matrixelemente zu einem Standard-Matrixelement η, das frei gewählt werden kann:

$$\eta w = C_A \int \vec{\sigma} \cdot \vec{r} \qquad \eta v = C_A i \int \gamma_5$$
$$\eta u = C_A i \int (\vec{\sigma} \times \vec{r}) \qquad \eta y = - C_V i \int \vec{\alpha}$$
$$\eta x = - C_V \int \vec{r} \qquad \eta z = C_A \int B_{ij}$$

In der Formel für die Übergangswahrscheinlichkeit kann $|\eta|^2$ als gemeinsamer Faktor ausgeklammert werden; die Größe von $|\eta|^2$ wird aus dem ft-Wert bestimmt. Meistens setzt man:

$$\eta = C_A \int B_{ij}$$

Statt der Kernparameter v und y, die die relativistischen Matrixelemente enthalten, benutzt man die Linearkombinationen:

$$V = v + \xi w$$
$$Y = y - \xi (u + w)$$

Die ξ-Approximation entspricht der Bedingung:

$$|V| \approx |Y| \gg |w| \approx |u| \approx |x| \approx |z|$$

Der »cancellation effect« tritt auf, wenn in Y oder V die beiden Terme sich angenähert wegheben, wenn also z. B. $y \approx \xi(u + x)$ ist. Dann gilt:

$$|V| \quad \text{oder} \quad |Y| \gtrsim |w| \approx |u| \approx |x| \approx |z|$$

Für den »selection rule effect« gilt, daß z größer ist als die Kernparameter u, w und x, während beim »cancellation effect« z von gleicher Größenordnung wie u, w und x ist. Nach Bestimmung der Kernparameter kann man entscheiden, welcher der beiden Effekte wirksam ist.

3. Bisherige Untersuchungen des ($3^- \rightarrow 2^+$)- β^--Zerfalls des Eu^{152}

Der β^--Übergang mit 1,49 Mev Grenzenergie vom Grundzustand des Eu^{152} zum ersten Anregungszustand des Gd^{152} (siehe Zerfallsschema Abb. 1) gehört zu den einfach-verbotenen Übergängen. Der Kernspin ändert sich dabei von 3 auf 2, die Parität wechselt. Damit können zu diesem Übergang nur die folgenden vier Matrixelemente beitragen:

$$C_V \int \vec{r} \qquad C_V i \int \vec{\alpha} \qquad C_A \int (\vec{\sigma} \times \vec{r}) \qquad C_A \int B_{ij}$$

Der für einen einfach-verbotenen Zerfall ungewöhnlich hohe ($\log ft$)-Wert von 11,9 war der erste Hinweis darauf, daß dieser Übergang behindert sein muß. Das von LANGER [4] gemessene Spektrum zeigt eine leichte Abweichung von der erlaubten Form. Damit kann die ξ-Approximation hier nicht mehr gelten, obwohl $\xi \gg W_0$ noch angenähert erfüllt ist ($\xi = 14{,}1$; $W_0 = 3{,}9$). In solchen Fällen ist es möglich, aus den verschiedenen Meßgrößen des β-Zerfalls die absolute Größe der zum Übergang bei-

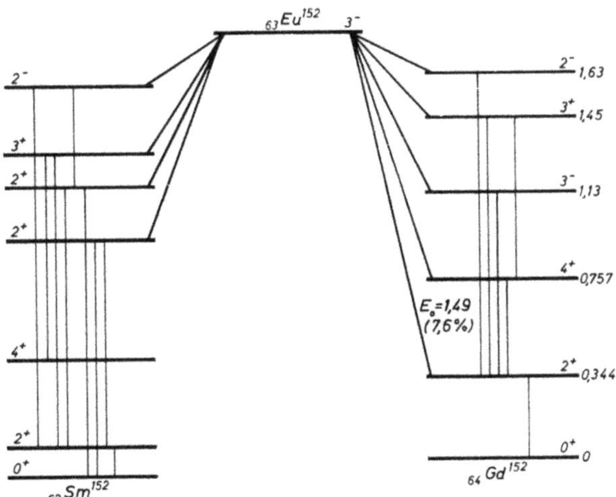

Abb. 1 Zerfallsschema Eu^{152}

tragenden Kernmatrixelemente zu bestimmen. Der Grad der longitudinalen Polarisation der β-Teilchen hängt nur schwach von den Kernmatrixelementen ab. Da eine Polarisationsmessung außerdem einen größeren experimentellen Aufwand als die anderen Messungen erfordert, versuchte man bisher eine Bestimmung der Kernmatrixelemente aus den übrigen Meßgrößen. Im folgenden sollen die wichtigsten Arbeiten über dieses Problem kurz aufgeführt werden.

Dulaney, Braden und Wyly [5] benutzten die bis 1961 bekannten Meßdaten für den Spektrumsfaktor, die β–γ-Winkelkorrelation und die β–γ_{zirkular}-Korrelation, um mit einem graphischen Verfahren die Kernparameter

$$\zeta_1 = -\left(\xi - \frac{W_0}{3}\right) u - \frac{iC_V \int \vec{\alpha}}{C_A \int B_{ij}} - \left(\xi + \frac{W_0}{3}\right) x, \quad u \text{ und } x$$

zu bestimmen.

Dabei erhielten sie vier Sätze von Parametern, die alle die experimentellen Ergebnisse zufriedenstellend wiedergaben. Diese Sätze waren:

$\zeta_1 = 0{,}6$	$u = 0{,}05$	$x = -0{,}02$
$\zeta_1 = 0{,}7$	$u = 0{,}1$	$x = 0{,}03$
$\zeta_1 = 0{,}7$	$u = -0{,}1$	$x = 0{,}63$
$\zeta_1 = 0{,}9$	$u = -0{,}03$	$x = 0{,}60$

Die Entscheidung zwischen diesen Sätzen war nur durch genauere Messungen oder durch die Messungen anderer Größen möglich. Deshalb betonten die Autoren die Notwendigkeit einer Messung der longitudinalen Polarisation der β-Teilchen.

Alexander und Steffen [6] haben sowohl die β–γ-Winkelkorrelation als auch die β–γ_{zirkular}-Korrelation erneut gemessen. Ihre Meßwerte sowie die Werte für den Spektrumsfaktor $C(W)$ (nach der Messung von Langer [4]) verglichen sie mit den aus 10^6 verschiedenen Kombinationen der Kernparameter Y, x und u errechneten Werten. Sie erhielten ausreichende Übereinstimmung der meisten Meßdaten mit den theoretischen Kurven für den Parametersatz:

$$Y = 0{,}70 \pm 0{,}20 \qquad x = 0{,}125 \pm 0{,}060 \qquad u = 0{,}125 \pm 0{,}060$$

Andere Autoren berechneten aus ihren eigenen Messungen Parametersätze, die sich von dem von Alexander und Steffen angegebenen Satz teilweise unterscheiden:

[7] Sunier et al.:	$Y = 0{,}68$	$x = 0{,}14$	$u = -0{,}015$
	$Y = 0{,}80$	$x = 0{,}20$	$u = 0$
	$Y = 0{,}56$	$x = 0{,}08$	$u = -0{,}03$
[8] Berthier et al.:	$Y = 0{,}70$	$x = 0{,}23$	$u = -0{,}06$

Alle Autoren stimmen jedoch darin überein, daß das $\int B_{ij}$-Matrixelement alle anderen überwiegt. Das bedeutet, daß der »selection rule effect« vorliegt und die K-Auswahlregel hier wirksam sein sollte. Der Tochterkern Gd^{152} besitzt jedoch ein ausgeprägtes Vibrationsspektrum und ist demnach nicht deformiert. Da dann K überhaupt nicht definiert ist, bleibt die Gültigkeit der K-Auswahlregel für diesen Zerfall sehr fraglich.

Der andere Nachbarkern von Eu^{152} ist Sm^{152}. Hier findet man ein Rotationsspektrum, das deutlich eine Kerndeformation anzeigt. Die drei Kerne Sm^{152}, Eu^{152} und Gd^{152} liegen also in einem Gebiet, wo die Kernstruktur beim Übergang zum Nachbarkern sich stark ändert. Erst eine genauere Kenntnis der Struktur des Grundzustandes von Eu^{152}

und des ersten Anregungszustandes von Gd^{152} könnte die Frage klären, welche Auswahlregel die starke Reduzierung der Matrixelemente verursacht.
Eine neue Möglichkeit für die Bestimmung der Kernmatrixelemente ergab sich 1958 aus der Theorie des »erhaltenen Vektorstromes« (»conserved vector current«-Theorie, kurz als CVC-Theorie bezeichnet), die von FEYNMAN und GELL-MANN [9] aufgestellt wurde. Aus dieser Theorie berechneten FUJITA und EICHLER [10] für das Verhältnis

$$\Lambda = \frac{i \int \vec{\alpha}}{\xi \int \vec{r}}$$

den Wert

$$\Lambda = 2{,}4 + (W_0 - 2{,}5)\, A^{1/3} \cdot Z^{-1}.$$

Für Eu^{152} ist dann $\Lambda = 2{,}50$.

DULANEY, BRADEN und WYLY [11] benutzten die bis 1963 bekannten Meßdaten einiger einfach-verbotener β-Übergänge, um den Wert von Λ experimentell zu bestimmen. Für Eu^{152} ergaben sich dann zwei mögliche Bereiche mit $\Lambda \approx 1{,}2$ und $\Lambda \approx 2{,}4$. Die zugehörigen Werte von x und u sind:

Für $\Lambda = 1{,}2$: $x = 0{,}520$ $u = 0{,}14$
Für $\Lambda = 2{,}4$: $x = 0{,}125$ $u = 0{,}125$

Dieser kurze Überblick zeigt bereits, daß das experimentelle Material noch keine eindeutige Bestimmung der Kernmatrixelemente zuläßt. Da eine entscheidende Verbesserung der Meßgenauigkeit bei β–γ-Korrelationsmessungen vorerst nicht zu erwarten ist, sollte durch die Messung der longitudinalen Polarisation der β-Teilchen zusätzliche experimentelle Information gewonnen werden.

4. Meßmethode

Die Polarisationsmessung des $(3^- \rightarrow 2^+)$-Übergangs von Eu^{152} in Gd^{152} sollte bei einer Energie von $E_\beta = 1{,}1$ MeV erfolgen, um Störungen durch andere β-Übergänge des Eu^{152} zu vermeiden. In diesem Energiegebiet ist die Møller-Streumethode für eine Polarisationsmessung am günstigsten.
Der Wirkungsquerschnitt für die Streuung von Elektronen an Elektronen hängt von der relativen Spinstellung ab. Man kann daher die Polarisation von β-Teilchen bestimmen, indem man sie an ausgerichteten Hüllenelektronen streut. Diese sind in magnetisiertem ferromagnetischem Material vorhanden; so sind in Eisen bei magnetischer Sättigung etwa 2 der 26 Hüllenelektronen eines Atoms ausgerichtet. Die β-Teilchen werden in einer dünnen ferromagnetischen Folie gestreut, deren Oberfläche fast parallel zum β-Strahl liegt. Dabei gibt das β-Teilchen einen Teil seiner Energie an das Hüllenelektron ab. Beide treten aus der Folie aus und werden in Koinzidenz nachgewiesen. Man magnetisiert die Folie abwechselnd parallel und antiparallel zum Impuls der β-Teilchen und kann aus dem Unterschied der Koinzidenzraten die Polarisation der β-Teilchen bestimmen.
MØLLER berechnete 1932 den differentiellen Wirkungsquerschnitt für Elektron-Elektron-Streuung. Da man damals an Polarisationsfragen nicht interessiert war, summierte er

über alle Spinzustände im Endzustand und mittelte über die Spinzustände des Ausgangszustandes. Erst nach Entdeckung der Paritätsverletzung bei schwachen Wechselwirkungen berechnete BINCER [12] die Polarisationsabhängigkeit der Elektron-Elektron-Streuung für den Fall, daß die Spins im Anfangszustand parallel bzw. antiparallel zueinander stehen. Über die Spinzustände im Endzustand kann weiterhin summiert werden, da die Polarisation durch den Streuprozeß selbst untersucht werden soll. Den allgemeineren Fall der Streuung von longitudinal polarisierten Elektronen an beliebig polarisierten Targetelektronen berechneten FORD und MULLIN [13]. Danach beträgt der differentielle Wirkungsquerschnitt für Elektron-Elektron-Streuung im Schwerpunktsystem:

$$\sigma(W', \Theta', \Psi, \Phi) = \frac{r_0^2}{4} \frac{1}{W'^2(W'^2 - 1)^2 \sin^4 \Theta'} \Big\{(2\,W'^2 - 1)^2 (4 - 3 \sin^2 \Theta')$$

$$+ (W'^2 - 1)^2 (\sin^4 \Theta' + 4 \sin^2 \Theta')$$

$$- [(2\,W'^2 - 1)(4\,W'^2 - 3) \sin^2 \Theta' - (W'^4 - 1) \sin^4 \Theta'] \cos \Psi$$

$$+ 2\,W'(W'^2 - 1) \cos \Theta' \sin^3 \Theta' \sin \Psi \cos \Phi\Big\}$$

oder abgekürzt:

$$\sigma(W', \Theta', \Psi, \Phi) = C(W', \Theta') \{F_1(W', \Theta')$$

$$+ F_2(W', \Theta') \cos \Psi + F_3(W', \Theta') \sin \Psi \cos \Phi\}$$

Dabei ist r_0 der klassische Elektronenradius, W' die Gesamtenergie der Elektronen in Einheiten der Ruhenergie. Die Winkel sind in Abb. 2 definiert.

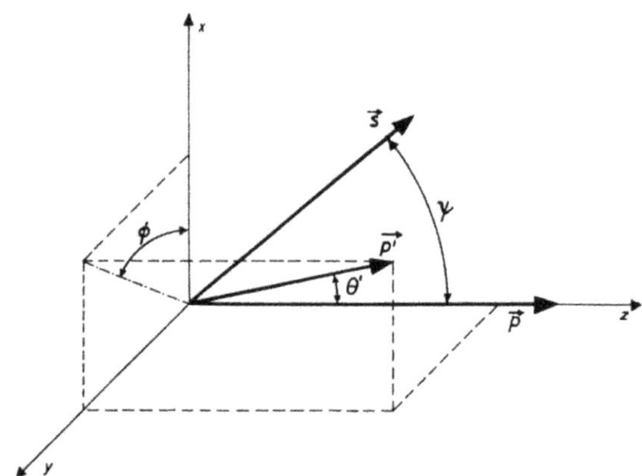

Abb. 2 Definition der Winkel

$\vec{p}$ = Impulsrichtung des Elektrons 1 vor dem Stoß

$\vec{p}\,'$ = Impulsrichtung des Elektrons 1 nach dem Stoß

$\vec{s}$ = Spinrichtung des Elektrons 2 vor dem Stoß

Aus dieser Formel kann man ablesen:

a) Wenn $\cos \Phi = 0$, verschwindet der Beitrag von F_3. Da bei unserer experimentellen Anordnung $\Phi = 90°$ ist, können wir uns auf die Diskussion der anderen Terme beschränken.

b) Der Term mit F_2 enthält als Faktor cos Ψ. Für $\Psi = 90°$ verschwindet F_2, und es bleibt der polarisationsunabhängige Anteil F_1. Das bedeutet, daß die Oberfläche der Streufolie nicht senkrecht zum Strahl stehen darf, weil die Folie nur parallel zur Oberfläche magnetisierbar ist. Der Wirkungsquerschnitt ist bei einer Streuung mit gleichgerichtetem Spin kleiner als bei entgegengerichtetem Spin. Den größten Unterschied der Wirkungsquerschnitte erhält man für $\Psi = 0°$ und $\Psi = 180°$. Experimentell ist dies nur näherungsweise zu verwirklichen, da man die Folienoberfläche nicht genau parallel zum Strahl stellen kann. Gewöhnlich steht die Folie unter 30° gegen den Strahl geneigt; dann ist $\Psi = 30°$ bzw. 210°. Der Term F_2 wechsel dann mit der Änderung der Spinrichtung der Targetelektronen beim Ummagnetisieren das Vorzeichen.

c) F_2 nimmt seinen größten Wert für $\sin \Theta' = 1$ an. Im Schwerpunktsystem erfolgt dann die Streuung um $\Theta' = 90°$. Die Polarisationsempfindlichkeit ist dann am größten, wenn das eingeschossene Elektron die Hälfte seiner Energie an das Hüllenelektron abgibt. Der Streuwinkel Θ im Laborsystem ergibt sich aus:

$$\Theta = \arcsin \sqrt{\frac{2}{W + 3}}$$

W = Energie der β-Teilchen im Laborsystem

Um eine möglichst große Polarisationsempfindlichkeit zu erreichen, stellt man zwei Szintillationszähler jeweils unter dem Winkel Θ gegen die Einschußrichtung der β-Teilchen auf. Registriert werden nur koinzidente Ereignisse in beiden Zählern.
Eine Absolutmessung der Wirkungsquerschnitte enthält eine große Zahl von Fehlerquellen. Deshalb ist es günstiger, eine Größe zu messen, die von dem Verhältnis der Wirkungsquerschnitte für zwei verschiedene Polarisationszustände der Targetelektronen abhängt. Eine solche Größe erhält man auf folgende Weise:

Der Streuquerschnitt bei paralleler Spinstellung der Elektronen sei σ_p, der bei antiparalleler Spinstellung sei σ_a.
Mit Z_+ bezeichnen wir die Koinzidenzrate, wenn $(\vec{B} \cdot \vec{p}) > 0$, d. h. wenn das Magnetisierungsfeld $\vec{B}$ und der Elektronenimpuls $\vec{p}$ fast parallel zueinander stehen. Der Spin der ausgerichteten Targetelektronen steht dann fast antiparallel zum Impuls $\vec{p}$. Umgekehrt ist Z_- die Koinzidenzrate, wenn $(\vec{B} \cdot \vec{p}) < 0$. Diese Koinzidenzraten setzen sich aus Streuungen an polarisierten und unpolarisierten Targetelektronen zusammen; P_0 sei der Polarisationsgrad der Targetelektronen, P_β der der β-Teilchen. Dann gilt (Störkoinzidenzen nicht berücksichtigt):

$$Z_+ \sim P_\beta P_0 \sigma_p + (1 - P_\beta P_0) \cdot \tfrac{1}{2} (\sigma_p + \sigma_a)$$

$$Z_- \sim P_\beta P_0 \sigma_a + (1 - P_\beta P_0) \cdot \tfrac{1}{2} (\sigma_p + \sigma_a)$$

Für den relativen Unterschied der Koinzidenzraten erhält man:

$$\delta = \frac{Z_+ - Z_-}{\frac{1}{2}(Z_+ + Z_-)} = 2\, P_\beta P_0 \frac{\sigma_p - \sigma_a}{\sigma_p + \sigma_a} = -\, 2\, P_\beta P_0 \frac{1 - \dfrac{\sigma_p}{\sigma_a}}{1 + \dfrac{\sigma_p}{\sigma_a}}$$

In der Folie ist nur der Bruchteil f aller Elektronen polarisiert. Da die Folie unter dem Winkel Ψ gegen den β-Strahl geneigt ist, beträgt der effektive Polarisationsgrad der Targetelektronen $P_0 = f \cdot \cos \Psi$.

Mit $R = \frac{1 - \frac{\sigma_p}{\sigma_a}}{1 + \frac{\sigma_p}{\sigma_a}}$ als »Polarisationsempfindlichkeit« ergibt sich:

$$\delta = -2 \cdot f \cdot \cos \Psi \cdot P_\beta \cdot R$$

Eine genaue Bestimmung der Polarisation erfordert eine genaue Kenntnis der Größen R und f. Dabei muß R über die verschiedenen Einfallswinkel der β-Teilchen, über das vom Spektrometer bestimmte Energie-Intervall und über den endlichen Öffnungswinkel der Zähler gemittelt werden. Eine Bestimmung von f ist nur bis auf etwa 3% genau möglich. Zu den statistischen Fehlern der Polarisationsmessung treten damit noch erhebliche systematische Fehler hinzu. Dieser Nachteil kann durch eine Relativmessung vermieden werden. Man vergleicht dabei die Asymmetrie δ bei der Messung der unbekannten Polarisation $P_\beta(A)$ mit der bei der Messung einer bekannten Polarisation $P_\beta(B)$. Da hierbei die Faktoren $(f \cdot \cos \Psi \cdot R)$ ungeändert bleiben, erhält man:

$$\frac{\delta(A)}{\delta(B)} = \frac{P_\beta(A)}{P_\beta(B)}$$

Die Abweichung der Polarisation der β-Teilchen des Eu^{152} vom Werte $-\frac{v}{c}$ sollte nach den bisher berechneten Parametersätzen nur wenige Prozent betragen. Der systematische Fehler bei einer Absolutmessung wäre dann etwa gleich groß. Günstiger ist es in diesem Falle, die Polarisation beim Eu^{152} mit der sehr genau gemessenen Polarisation beim P^{32} zu vergleichen; dabei sind nur die statistischen Fehler noch merklich.

5. Aufbau der Apparatur

5.1 Spektrometer

Abb. 3 zeigt schematisch den Aufbau der Apparatur.
Die β-Teilchen treten aus der Quelle Q aus und durchlaufen zunächst ein magnetisches Kurzlinsenspektrometer. Anschließend werden sie in der Folie F gestreut. Am Ort der Folie und der Multiplier soll das Streufeld der Linse klein sein. Daher ist die Linsenspule mit einem Eisenmantel umgeben, der in der Ebene der Spulenmitte einen schmalen Luftspalt hat. Die Feldstärke hat längs der Achse (z-Richtung) einen glockenförmigen Verlauf. Man kann zur Charakterisierung der axialen Ausdehnung die Halbwertsbreite d einführen, bei der die Intensität des Feldes auf die Hälfte des Maximalbetrages B_0 abgefallen ist. Näherungsweise gilt für das Feld dieser Linse:

$$B(z) = \frac{B_0}{1 + \left(\frac{z}{d}\right)^2}$$

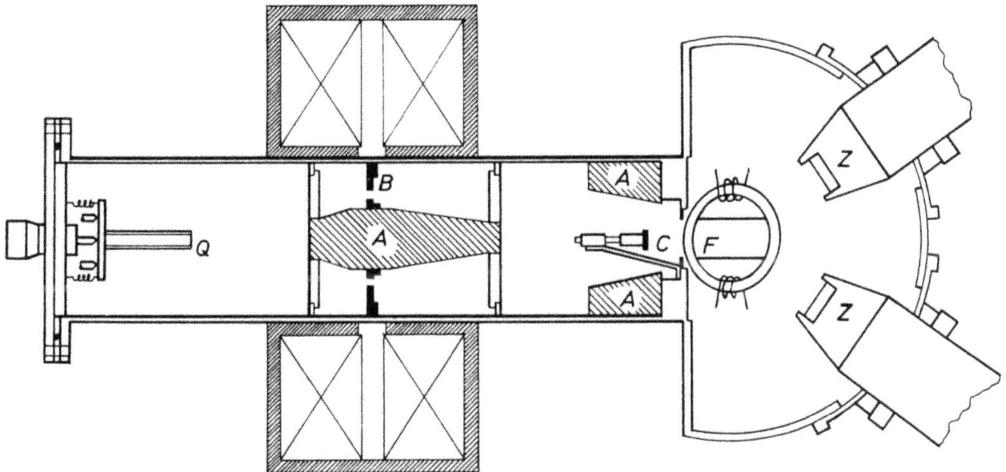

Abb. 3 Aufbau der Apparatur (schematisch)

A = Bleiabschirmung
B = Eingangsblende
Q = Quelle
F = Streufolie
Z = Zähler

Für achsennahe Strahlen ist der Zusammenhang zwischen Ding- und Bildort durch die Abbildungsgleichungen der Lichtoptik gegeben. Man erhält dann als Vergrößerung:

$$V = \frac{b}{g}$$

g = Gegenstandsweite
b = Bildweite

Da für unsere Untersuchungen eine hohe Transmission des Spektrometers wünschenswert ist, müssen quellenseitig große Öffnungswinkel zugelassen werden. Für eine Møller-Koinzidenz muß jedes der beiden aus der Streufolie austretenden Elektronen jeweils in einen Szintillationszähler gelangen. Das ist nur möglich, wenn die Streuebene, die die Bahnen des einfallenden und beider aus der Folie austretenden Elektronen enthält, beide Szintillatoren schneidet.
Wenn Elektronen unter großer Neigung gegen die Spektrometerachse auf die Streufolie treffen, ist diese Bedingung nicht mehr erfüllt. Eine hohe Koinzidenzausbeute erhält man daher nur, wenn auf der Fokusseite kleine Neigungswinkel auftreten. Beide Forderungen können erfüllt werden, wenn die Vergrößerung $V > 1$ ist. Für unser Spektrometer wählten wir $V = 2$. Da dann der Abstand Linse–Streufolie größer als bei $V = 1$ ist, wird außerdem die Störung durch das Linsenstreufeld am Ort der Streufolie und der Multiplier kleiner.
Ein dünner Messingring von 1 cm Innendurchmesser trägt eine 20 μm dicke Hostaphan-Folie mit der Quelle. Der Ring selbst sitzt auf einem 9 cm langen Plexiglasrohr, das in einen Messingteller eingeschraubt ist. Dieser Teller und damit die Quelle selbst kann durch drei Mikrometerschrauben mit Simmering-Durchführung von außen nach allen

Richtungen geschwenkt werden; dadurch ist eine genaue Justierung des Strahlengangs möglich.

Die Eingangsblende B befindet sich in der Mittelebene der Magnetlinse. Die innere Eingangsblende hat einen Durchmesser von 75 mm und ist fest auf den Bleikörper A aufgeschraubt. Die äußere Eingangsblende kann zur Änderung der Transmission ausgewechselt werden. Eine Messingscheibe von 16 mm Durchmesser (in Abb. 3 bei C), die auf einem Gewindestab senkrecht zur äußeren Ausgangsblende verschoben werden konnte, bildet die innere Ausgangsblende. Die äußere Ausgangsblende konnte ebenfalls ausgewechselt werden. Durch geeignete Wahl der Eingangs- und Ausgangsblende stellten wir eine Impulsauflösung von $A = 10{,}8\%$ und eine Transmission von $T = 0{,}6\%$ ein. Zur Energieeichung des Spektrometers benutzten wir die Konversionslinien des Cs^{137} (624,5 keV) und des Bi^{207} (974 keV und 480 keV). Während der Polarisationsmessungen war der Druck im Spektrometerrohr und im Streutopf kleiner als $5 \cdot 10^{-3}$ torr. Den Spektrometerstrom lieferte ein transistorisierter Stromstabilisator. Damit konnten Spektrometerströme bis zu 15 A mit einer Konstanz von besser als 0,1% eingestellt werden.

5.2 Streufolie

Die ferromagnetische Streufolie besteht aus einer Legierung von 50% Fe und 50% Ni (»Deltamax«). Sie ist 2,7 μm dick und wird in einem äußeren Feld bis zur Sättigung magnetisiert.

Zur Untersuchung der Polarisation wäre es am günstigsten, wenn der Spin der ausgerichteten Hüllenelektronen parallel bzw. antiparallel zur Einfallsrichtung der β-Teilchen steht. Da dünne Folien aber nur parallel zur Oberfläche magnetisiert werden können, stellt man die Folie unter $\Psi = 30°$ gegen die Strahlrichtung auf. Der Unterschied der Koinzidenzraten bei beiden Magnetisierungsrichtungen ist dann um den Faktor $\cos \Psi$ kleiner als im Idealfall bei parallelen bzw. antiparallelen Spins.

Das Magnetisierungsfeld beeinflußt auch die Elektronenbahnen. Hier kann durch Umlenkung der Elektronen ein zusätzlicher Unterschied der Koinzidenzraten auftreten (»apparative Asymmetrie«). Mit einer Aluminiumfolie gleicher Massenbelegung an Stelle der ferromagnetischen Folie kann dieser Störeffekt gemessen und bei der Auswertung berücksichtigt werden. Es ist aber günstig, wenn der durch diesen Effekt hervorgerufene Unterschied der Koinzidenzraten von vornherein klein ist. Die übliche Methode, die Folie in das homogene Feld zweier Helmholtz-Spulen zu bringen, bedingt einen langen Weg der Elektronen in diesem Feld. Wir benutzten daher zwei aufeinandergelegte Kreisringe aus Weicheisen (Hyperm-Null), zwischen denen die Folie eingeklemmt wird. Diese Ringe tragen an zwei einander gegenüberliegenden Stellen je eine Spule mit 250 Windungen. Die Feldrichtungen in diesen Spulen sind parallel. In dem Gebiet des stärksten Kraftflusses liegt die Folie, während im Außenraum nur ein mit der Entfernung rasch schwächer werdendes Streufeld herrscht.

Die von uns benutzte Deltamax-Folie zeichnet sich durch eine hohe Sättigungsmagnetisierung und eine fast rechteckförmige Hysteresiskurve mit großer Remanenz aus. Damit ist es möglich, die Folie mit einem sehr schwachen äußeren Magnetfeld in der Sättigung zu halten. Diese günstigen magnetischen Eigenschaften erhält die Folie erst durch das Tempern bei 1075°C in H_2-Atmosphäre.

Für eine absolute Bestimmung der Polarisation von β-Teilchen muß die Zahl der ausgerichteten Hüllenelektronen in der Streufolie bekannt sein. Da diese Zahl nur bis auf etwa 3–5% genau bestimmt werden kann, haben wir die Polarisation der β-Teilchen des

Eu^{152} relativ zu der des P^{32} gemessen. Bei einer Relativmessung braucht man den Absolutwert der Sättigungsmagnetisierung nicht zu kennen. Um jedoch den für die magnetische Sättigung erforderlichen Strom zu bestimmen und eventuelle Veränderungen der magnetischen Eigenschaften durch mechanische Beanspruchung der Folie nach dem Tempern feststellen zu können, muß die Hysterese der Folie aufgenommen werden.

Die Magnetisierung M der Folie wird durch den mit einem ballistischen Galvanometer registrierten Induktionsstoß in einer um die Folie gewickelten Spule beim Ummagnetisieren gemessen. Das Galvanometer wird vorher mit einem Gegeninduktivitätsnormal geeicht.

Wickelt man die Induktionsspule mit einem Querschnitt F um die mit zwei Messingblechen geschützte Folie, so erfaßt man einen erheblichen Anteil des magnetischen Flusses $\Phi_L = B_L \cdot F$, wobei B_L das Feld außerhalb der Folie ist. Dieser »Luftanteil« ist proportional zum Magnetisierungsstrom, solange der Hyperm-Null-Ring noch nicht in der Sättigung ist. Die Magnetisierung M der Folie erhält man nach Abziehen des Luftanteils aus der Hysteresekurve. Die Bestimmung von M ist um so genauer, je kleiner der Luftanteil Φ_L ist. Am günstigsten ist es, wenn die Windungen der Induktionsspule direkt auf der Folie liegen.

Wir stellten eine solche Induktionsspule aus zwei Streifen Pertinax her, das einseitig mit Kupfer kaschiert war. Von beiden Streifen wurde das Kupfer bis auf ein System von parallelen Strichen weggeätzt und die Streifen bis auf die Strichenden dünn mit Isolierlack überzogen. Legte man die Streifen in geeigneter Weise aufeinander, so bestand ein elektrischer Kontakt an den Strichenden. Beide Strichsysteme bildeten dann um die Folie herum eine zusammenhängende Induktionsspule mit 30 Windungen und sehr geringem Querschnitt. Damit konnten wir die Magnetisierung der in den Ring eingebauten und getemperten Folie einwandfrei messen. Ein Rest des Luftanteiles war unvermeidlich, da die Zuleitungen eine Schleife bildeten, die einen Teil des Feldes erfaßte. Durch Verdrillen der Drähte konnte aber dieser Anteil klein gehalten werden.

Um die Sättigung sicher zu erreichen, muß der Magnetisierungsstrom etwa 1 Ampere betragen. Beim Ummagnetisieren wird durch einen Stromstoß von 1 Ampere und 1 Sekunde Dauer die Folie aus dem einen Sättigungszustand in den anderen gebracht. Danach kann der Strom auf etwa 0,05 Ampere reduziert werden, ohne daß die Magnetisierung wesentlich abnimmt. Das zu $I_M = 0{,}05$ Ampere gehörige Magnetfeld wurde mit einer Hallsonde in der Mitte des Ringes gemessen; es beträgt 1,5 Gauß. Der unterschiedliche Einfluß dieses schwachen Feldes auf die Elektronenbahnen beim Wechsel der Magnetisierungsrichtung kann nur noch eine schwache apparative Asymmetrie hervorrufen.

Eine Schwierigkeit ergibt sich aber durch das konstante Linsenstreufeld; am Ort der Folie beträgt es etwa 1,5 Gauß und ist damit gleich dem Magnetisierungsfeld bei $I_M = 0{,}05$ Ampere. Deshalb mußte der Magnetisierungsstrom so eingestellt werden, daß das effektive Feld am Ort der Folie sich symmetrisch zu Null ändert. Das erforderte einen Magnetisierungsstrom von $I_M = 0$ bzw. $I_M = 0{,}1$ Ampere. Das Feld in der Mitte des Magnetisierungsringes beträgt dann $+1{,}5$ Gauß bzw. $-1{,}5$ Gauß.

Aus dem Werte der Magnetisierung M für $I_M = 0{,}05$ Ampere muß jetzt die Zahl der ausgerichteten Hüllenelektronen in der Folie berechnet werden. Neben dem vom Spin herrührenden Anteil M_s der Magnetisierung ist auch noch ein schwacher Bahnanteil M_b vorhanden. Durch einen Einstein-de Haas-Versuch kann das gyromagnetische Verhältnis g und damit der Anteil M_s bestimmt werden. Nach Messungen von Scott [14] gilt für Deltamax:

$$M_s = 0{,}953 \cdot M$$

Der Bruchteil f der ausgerichteten Elektronen in der Folie ergibt sich aus:

$$f = \frac{M_s}{N \cdot \mu}$$

N = Zahl der Elektronen pro cm^3; für Deltamax ist
$N = 2{,}53 \cdot 10^{24}\ cm^{-3}$
μ = Bohrsches Magneton $= 1{,}1653 \cdot 10^{-29}$ Volt · sec · m

Da für unsere Folie bei $I_M = 0{,}05$ Ampere $M = 12{,}5$ kGauß beträgt, folgt:

$$f = 0{,}0404$$

5.3 Elektronik

Für eine Polarisationsmessung ist es am günstigsten, wenn bei einer Møller-Streuung das β-Teilchen die Hälfte seiner Energie an das Hüllenelektron abgibt. Dann treten zwei Elektronen gleichzeitig und mit gleicher Energie aus der Streufolie aus. Das gibt die Möglichkeit, ein solches Møller-Streuereignis von dem großen Untergrund der an Atomkernen elastisch gestreuten Elektronen auszusondern. Ein Koinzidenzgerät kurzer Auflösungszeit ($2\,\tau = 6{,}5$ nsec) registriert alle in beiden Zählern (NE 102 Plastik-Szintillatoren mit [56 AVP Multipliern]) gleichzeitig auftretenden Ereignisse (siehe Abb. 4).
Außerdem werden die Impulse beider Zähler je einem Einkanaldiskriminator zugeführt, der nur bei Teilchen innerhalb eines bestimmten Energiegebietes ein Ausgangssignal liefert. In einer langsamen Tripelkoinzidenzstufe (Auflösungszeit 2 μsec) werden die Ausgangsimpulse des Koinzidenzgerätes und der Einkanaldiskriminatoren kombiniert. Diese Stufe liefert nur dann einen Impuls, wenn beide Zähler gleichzeitig je ein Teilchen mit bestimmter Energie registrieren. Da man hier sowohl ein schnelles als auch ein

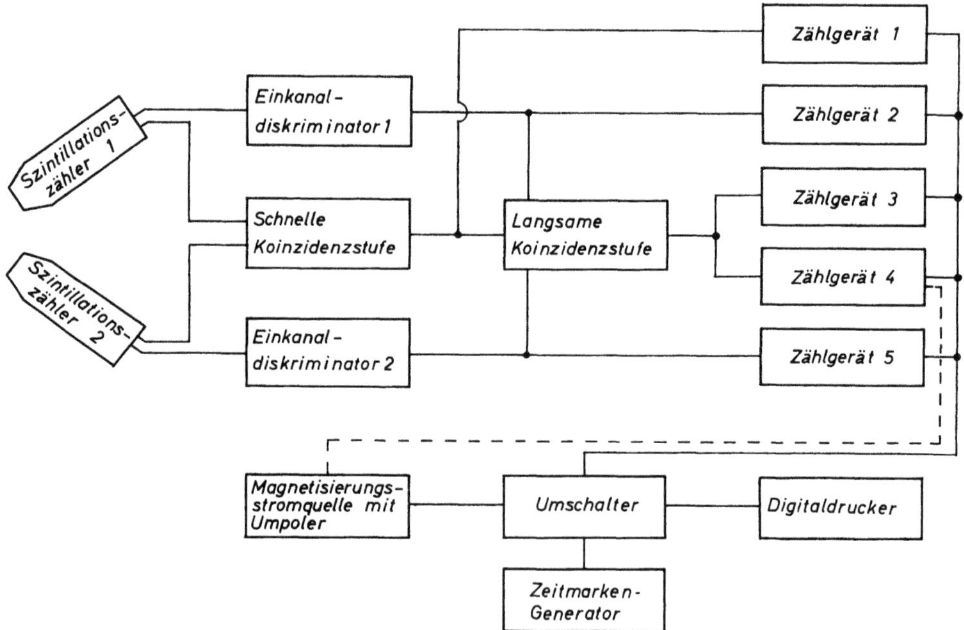

Abb. 4 Blockschaltbild der Elektronik

langsames Koinzidenzgerät verwendet, nennt man diese Apparatur »fast-slow«-Koinzidenzapparatur.

Die Einkanaldiskriminatoren und die schnelle Koinzidenzstufe sind von uns speziell für hohe Zählraten und kleine Eingangsimpulse entwickelt und in [15] beschrieben worden. Das Ausgangssignal der langsamen Koinzidenzstufe steuert gleichzeitig zwei Zählgeräte, um während der langen Meßzeit einen Defekt in einem Zählgerät durch Vergleich sofort erkennen zu können. Zur Kontrolle werden die Ausgangssignale der beiden Einkanaldiskriminatoren und des schnellen Koinzidenzgerätes ebenfalls je einem Zählgerät zugeführt.

Um den Einfluß von elektronischen Drifterscheinungen weitgehend auszuschalten, wird alle 10 Minuten die Folienmagnetisierung geändert. Die lange Meßzeit (für Eu^{152} mehr als 5 Monate) machte es notwendig, daß alle für die Umschaltung erforderlichen Vorgänge automatisch gesteuert wurden. Ein Impulsgenerator gibt synchron zur Netzfrequenz je Sekunde 50 Impulse auf ein Zählgerät mit Vorwahl (»Uhr«). Nach einer zwischen 2 und 2000 Sekunden frei wählbaren Meßzeit gibt diese Uhr einen Impuls an einen Umschalter, der alle Zählgeräte abstoppt und den Befehl zum Ausdrucken an einen Kienzle-Springwagendrucker gibt. Die zum Abfragen und Drucken erforderliche Pausenzeit kann ebenfalls an der Uhr eingestellt werden. In der Pausenzeit wird außerdem die Folie ummagnetisiert. Am Ende der Pausenzeit wird das Sperrsignal für die Zählgeräte aufgehoben, und eine neue Meßperiode beginnt.

Durch eine Torschaltung wird erreicht, daß das eine mit einem Einkanaldiskriminator verbundene Zählgerät nur dann zählt, wenn der Magnetisierungsstrom für die Folie eine bestimmte Richtung hat. Damit kann leicht überprüft werden, ob die Relaisautomatik für die Magnetisierungsumschaltung einwandfrei arbeitet und insbesondere die Stromrichtung in der Magnetisierungsspule während einer Meßperiode gleichgeblieben ist.

6. Quellenherstellung

Das natürliche Europium besteht etwa je zur Hälfte aus Eu^{151} und Eu^{153}. Die Wirkungsquerschnitte für den Einfang thermischer Neutronen sind $\sigma(Eu^{151}) \approx 1500$ barn, $\sigma(Eu^{153}) \approx 440$ barn. Da die Halbwertszeiten von Eu^{152} (13 Jahre) und von Eu^{154} (16 Jahre) und außerdem die Zerfallsschemata sehr ähnlich sind, ist natürliches Europium als Ausgang für die Aktivierung ungeeignet. Wir benutzten deshalb 1 mg massenspektrometrisch auf 92% angereichertes Eu^{151}, das 4 Wochen in Oak Ridge in einem Neutronenfluß von $3 \cdot 10^{14}$ Neutronen/cm^{2}sec aktiviert wurde. Das Präparat lag als $EuCl_3$ in einer in HCL-Lösung vor. Diese wurde tropfenweise auf eine Hostaphan-Unterlage (20 μm dick) aufgebracht und mit einer Infrarot-Lampe eingetrocknet. Um das Ablösen einzelner Kristalle zu verhindern, tropften wir eine Lösung von Movital in Chloroform über die ganze Hostaphan-Folie und erhielten nach Verdunsten des Lösungsmittels eine Deckfolie mit einer Massenbelegung von 1 mg/cm^2. Mit einem Zeiss-Stereo-Mikroskop stellten wir fest, daß die Aktivität (ca. 60 mC) sehr gleichmäßig über einen kreisförmigen Fleck mit 8 mm Durchmesser verteilt war. Die gesamte Massenbelegung (einschließlich Deckfolie) betrug 23,8 mg/cm^2.

Die P^{32}-Quelle wurde nach dem gleichen Verfahren hergestellt. Die Aktivität von 90 mCurie war auf einen Bereich von etwa 7 mm Durchmesser konzentriert; dabei betrug die Massenbelegung einschließlich Deckfolie 2,9 mg/cm^2.

7. Meßergebnisse

7.1 P^{32}

Von allen Møller-Streuprozessen werden durch die symmetrische Aufstellung der Zähler nur die gezählt, bei denen das mit 1,1 MeV auf die Folie fallende β-Teilchen die Hälfte seiner Energie an ein Hüllenelektron abgibt und mit 550 keV den Detektor erreicht. Zur Kontrolle der Multiplierverstärkung fokussierten wir durch passende Einstellung des Spektrometerstromes sowohl bei der P^{32}-Messung als auch bei der Eu^{152}-Messung β-Teilchen von 550 keV auf die Folie. Von den elastisch in der Folie gestreuten β-Teilchen fiel ein beträchtlicher Teil auf die Szintillatoren. Diese monoenergetischen Elektronen konnten wir zwischen den Polarisationsmessungen zur Nacheichung der Multiplierverstärkung benutzen. Das Maximum der Impulsverteilung am Ausgang des Multipliers mußte dann in der Mitte des Kanals der Einkanaldiskriminatoren liegen.

Die Polarisationsmessung am P^{32} einschließlich der Bestimmung der Korrekturen dauerte etwa einen Monat. Zu Beginn der Messungen lag die Dreifach-Koinzidenzrate bei 4000 Impulsen pro Meßperiode, gegen Abschluß der Polarisationsmessungen wegen der kurzen Halbwertszeit des P^{32} (14,5 Tage) bei 1200.

Die Asymmetrie δ berechnet man aus den Koinzidenzraten Z_+ und Z_- für beide Magnetisierungsrichtungen und der Rate Z_0 der Zufallskoinzidenzen:

$$\delta = \frac{(Z_+ - Z_0) - (Z_- - Z_0)}{\frac{1}{2}[(Z_+ - Z_0) + (Z_- - Z_0)]} = 2 \cdot \frac{Z_+ - Z_-}{Z_+ + Z_- - 2\,Z_0}$$

Die Zufallskoinzidenzen wurden in gesonderten Messungen durch Verzögerung der Impulse eines der beiden Multiplier um 15 nsec bestimmt. Da die Auflösungszeit $2\,\tau = 6{,}5$ nsec betrug, wurden dabei alle echten Koinzidenzen zerstört. Wegen der kurzen Halbwertszeit mußte Z_0 für jede Meßperiode mit einem zeitabhängigen Faktor korrigiert werden.

Die Gesamtzahl der ausgewerteten Dreifach-Koinzidenzen betrug bei der Messung mit der Deltamax-Folie $4{,}55 \cdot 10^6$. Für die Asymmetrie $\delta_{Dm}(P^{32})$ erhielten wir:

$$\delta_{Dm}(P^{32}) = (-5{,}608 \pm 0{,}094)\,\%$$

Von diesem Wert mußte noch die mit der Aluminiumstreufolie gemessene apparative Asymmetrie δ_{Al} abgezogen werden. Aus insgesamt $3{,}38 \cdot 10^6$ Dreifach-Koinzidenzen bei den Messungen mit der Aluminiumfolie ergab sich:

$$\delta_{Al} = (-0{,}267 \pm 0{,}109)\,\%$$

Damit folgte als echte Asymmetrie für die P^{32}-Messung:

$$\delta\,(P^{32}) = (-5{,}34 \pm 0{,}140)\,\%$$

Bei der Streuung eines β-Teilchens im Coulombfeld eines Atomkerns wird der Spin des β-Teilchens nicht ganz mitgedreht. Das bedeutet, daß durch die Streuung die longitudinale Polarisation der β-Teilchen abnimmt. Eine solche Depolarisation tritt bei unserer Apparatur in der Quelle und in der Streufolie auf. Dabei ist zwischen Vielfachstreuung um kleine Winkel und Einzelstreuung um große Winkel zu unterscheiden. Für unsere Relativmessung braucht nur die Depolarisation in der Quelle berücksichtigt zu werden, da die Depolarisation in der Streufolie bei P^{32} und Eu^{152} gleich ist. Für unsere P^{32}-Quelle ergab sich eine Gesamtdepolarisation von 0,06%. Diese geringe Depolarisation kann vernachlässigt werden.

7.2 Eu^{152}-Messung

Wie bei der P^{32}-Messung teilten wir auch beim Eu^{152} die gesamte Meßzeit in Meßperioden von je 10 Minuten auf. Nach jeder Meßperiode wechselte die Magnetisierungsrichtung in der Folie.

Die Dreifach-Koinzidenzrate lag bei der Eu^{152}-Messung im Mittel bei 141 Impulsen für eine Meßperiode. Für einen statistischen Fehler von 2,5% müssen etwa $2{,}5 \cdot 10^6$ Koinzidenzen gezählt werden. Die gesamte Meßzeit mußte daher ungefähr 18 000 Meßperioden oder rd. 130 Tage betragen. Ein nennenswerter Abfall der Aktivität tritt dabei wegen der langen Halbwertszeit des Eu^{152} (13 Jahre) nicht auf.

Der Anteil der von γ-Strahlung in den Zählern ausgelösten Impulse an der Gesamtzählrate Z_{EKD} eines Einkanaldiskriminators war beträchtlich. Bei offenem Zähler betrug Z_{EKD} etwa $3{,}7 \cdot 10^5$ Impulse/10 min, bei abgedecktem Zähler (10 mm Plexiglas, das alle Elektronen absorbiert) noch $2{,}9 \cdot 10^5$ Impulse/10 min. Durch die kurze Auflösungszeit von $2\,\tau = 6{,}5$ nsec konnte die Zahl der zufälligen $\gamma\gamma$-Koinzidenzen auf etwa 1 Impuls/10 min, d. h. 0,7% der Dreifachkoinzidenzrate herabgedrückt werden.

Während bei der P^{32}-Messung die Rate Z_0 der Störkoinzidenzen lediglich zufällige Koinzidenzen enthielt, traten bei der Eu^{152}-Messung durch die starke γ-Strahlung der Quelle eine Reihe von weiteren Störkoinzidenzen hinzu. Die Rate Z_0 setzte sich aus folgenden Anteilen zusammen:

1. Z_{zuf} = Rate aller zufälligen Koinzidenzen
2. $Z_{\gamma\gamma}$ = Rate der echten Koinzidenzen zwischen γ-Quanten
3. $Z_{\beta\gamma}$ = Rate der echten Koinzidenzen zwischen einem β-Teilchen und einem γ-Quant
4. $Z_{\gamma e}$ = Rate der echten Koinzidenzen zwischen einem in der Apparatur ausgelösten Compton-Elektron und dem gestreuten γ-Quant
5. Z_{ee} = Rate der echten Koinzidenzen zwischen zwei Elektronen, von denen mindestens eines durch γ-Strahlung im Spektrometer ausgelöst wurde

Damit erhielten wir für Z_0:

$$Z_0 = Z_{zuf} + Z_{\gamma\gamma} + Z_{\beta\gamma} + Z_{\gamma e} + Z_{ee}$$

Die Zufallskoinzidenzen Z_{zuf} wurden etwa alle 10 Tage gemessen. Die übrigen Raten konnten durch geeignete Abdeckung der Quelle und der Zähler mit 10 mm Plexiglas bestimmt werden.

In Tab. 2 sind die Ergebnisse der einzelnen Messungen aufgeführt. Dabei ist die Absorption der γ-Quanten im Plexiglas berücksichtigt.

Tab. 2

$Z_{\gamma\gamma}$	=	2,085 Impulse/10 min
Z_{ee}	=	3,360 Impulse/10 min
$Z_{\beta\gamma}$	=	0,266 Impulse/10 min
$Z_{\gamma e}$	=	1,856 Impulse/10 min
Z_{zuf}	=	1,790 Impulse/10 min

Für Z_0 erhält man daraus:

$$Z_0 = 9{,}357 \pm 0{,}28 \text{ Impulse/10 min}$$

Als Ergebnis unserer Polarisationsmessung erhielten wir die Gesamtzahl der Koinzidenzen bei 18 420 Meßperioden von je 10 min:

$$\Sigma Z_+ + \Sigma Z_- = 1\,272\,310 + 1\,336\,898 = 2\,609\,208$$

Die daraus berechnete Asymmetrie beträgt:

$$\delta_{\mathrm{Dm}} = -(5{,}301 \pm 0{,}132)\,\%$$

Davon wird die von der P^{32}-Messung übernommene apparative Asymmetrie $\delta_{\mathrm{Al}} = -0{,}267\%$ abgezogen. Die korrigierte Asymmetrie beträgt:

$$\delta\,(\mathrm{Eu}^{152}) = -(5{,}034 \pm 0{,}132)\,\%$$

Aus den Asymmetrien $\delta\,(\mathrm{Eu}^{152})$ und $\delta\,(\mathrm{P}^{32})$ berechnet man das Verhältnis der Polarisationen P:

$$\frac{\delta\,(\mathrm{Eu}^{152})}{\delta\,(\mathrm{P}^{32})} = \frac{P\,(\mathrm{Eu}^{152})}{P\,(\mathrm{P}^{32})} = 0{,}9425 \pm 0{,}028$$

Die Polarisation des P^{32} beträgt nach zahlreichen Messungen [16] $P\,(\mathrm{P}^{32}) = -\frac{v}{c}$.

Damit erhält man als Polarisation beim Eu^{152}:

$$P = -(0{,}9425 \pm 0{,}028)\,\frac{v}{c}$$

Während beim P^{32} die Polarisation in der Quelle nur 0,06% betrug und deshalb vernachlässigt wurde, ist die Depolarisation in der Eu^{152}-Quelle erheblich größer. Wir berechneten diese Depolarisation nach den Formeln von Mühlschlegel und Koppe [17] für die Vielfachstreuung und nach Bienlein et al. [18] für die Einzelstreuung um große Winkel.

Die gesamte Depolarisation in der Eu^{152}-Quelle beträgt danach 1,7%. Die aus dem Verhältnis der Asymmetrien berechnete Polarisation erhöht sich damit auf:

$$P\,(\mathrm{Eu}^{152}) = -(0{,}959 \pm 0{,}028)\,\frac{v}{c}$$

8. Diskussion des Meßergebnisses

Das vorliegende Meßergebnis

$$P = -(0{,}959 \pm 0{,}028)\,\frac{v}{c}$$

zeigt eine kleine Abweichung der Polarisation vom Werte $-\frac{v}{c}$. Der in der ξ-Approximation gültige Wert $P = -\frac{v}{c}$ liegt deutlich außerhalb der Fehlergrenzen und kann ausgeschlossen werden. Damit ist zunächst bestätigt, daß für diesen Zerfall die ξ-Approximation nicht anwendbar ist.

Für die Bewertung unseres Ergebnisses ist ein Vergleich mit den Messungen der anderen Größen dieses β-Zerfalls notwendig. Wir haben deshalb die von ALEXANDER und STEFFEN [6] aufgestellte Vergleichstabelle durch das Meßergebnis der longitudinalen β-Polarisation ergänzt (siehe Tab. 3).

Tab. 3

Y	x	u	$C(W)$	$A_2(W)$	$P_c(\Theta)$	P_β(berechn.)	P_β(exp.)
0,35	—0,05	—0,04	+	0	—	—1,008	—
0,40	0,01	0,01	+	—	+	—0,998	—
0,50	0,04	0,04	+	—	+	—0,990	—
0,60	0,09	0,09	+	++	+	—0,973	+
0,65	0,09	0,10	++	++	++	—0,970	++
0,70	0,125	0,125	++	++	++	—0,958	++
0,70	0,23	—0,06	+	—	+	—0,978	+
0,75	0,150	0,175	+	+	+	—0,946	+
0,80	0,175	0,150	+	0	++	—0,941	+
0,85	0,20	0,175	—	0	+	—0,928	—
0,90	0,20	0,20	—	—	+	—0,921	—

»++« bedeutet: sehr gute Übereinstimmung
»+« bedeutet: ausreichende Übereinstimmung
»0« bedeutet: schlechte Übereinstimmung
»—« bedeutet: keine Übereinstimmung innerhalb der Fehlergrenzen

P_β (berechn.) ist die aus dem zugehörigen Parametersatz berechnete Polarisation, dividiert durch $\frac{v}{c}$. In der letzten Spalte der Tab. 3 wird P_β (berechn.) mit unserem Meßergebnis verglichen. Aus der Tab. 3 entnimmt man, daß ALEXANDER und STEFFEN durch eine Messung des β–γ_{zirkular}-Korrelationskoeffizienten $P_c(\Theta)$ lediglich einen Parametersatz ausscheiden konnten, während zehn andere innerhalb der Fehlergrenzen mit ihren Messungen zu vereinbaren waren. Unser Meßergebnis läßt dagegen nur noch sechs Parametersätze zu, während fünf ausgeschieden werden. Hier zeigt sich, daß unsere Messung der longitudinalen β-Polarisation einer Messung des β–γ_{zirkular}-Korrelationskoeffizienten P_c bei einer Bestimmung der Kernmatrixelemente deutlich überlegen ist. Ein Vergleich der Messung des Spektrumsfaktors $C(W)$ mit unserer Messung zeigt ein ähnliches Ergebnis. Lediglich die Ergebnisse der β–γ-Richtungskorrelationsmessung (durch den Koeffizienten $A_2(W)$ dargestellt) sind unserer Messung äquivalent oder leicht überlegen. Damit erhält die Messung der longitudinalen β-Polarisation ein entscheidendes Gewicht bei der Bestimmung der Kernmatrixelemente. Der von ALEXANDER und STEFFEN nach den bisherigen Messungen vorgeschlagene Parametersatz

$$Y = 0{,}70 \qquad x = 0{,}125 \qquad u = 0{,}125$$

liefert für die Polarisation den Wert $P = -0{,}958 \frac{v}{c}$ und stimmt damit ausgezeichnet mit dem Ergebnis $P = -0{,}959 \frac{v}{c}$ unserer Polarisationsmessung überein. Dieser Parametersatz erhält also durch unser Meßergebnis einen wesentlich höheren Grad an

Wahrscheinlichkeit als bisher. Die aus ihm berechneten Kernmatrixelemente sind (siehe [6]):

$$\frac{1}{R}\int B_{ij} = \pm\, 2{,}9 \cdot 10^{-3} \qquad \int i\vec{\alpha} = \pm\, 2{,}5 \cdot 10^{-4}$$

$$\frac{1}{R}\int \vec{r} = \pm\, 4{,}3 \cdot 10^{-4} \qquad \frac{1}{R}\int (\vec{\sigma} \times \vec{r}) = \pm\, 3{,}6 \cdot 10^{-4}$$

R = Kernradius

Die Ergänzung der bisherigen Meßdaten durch unsere Polarisationsmessung schließt das Problem der Bestimmung der Kernmatrixelemente dieses Übergangs ab. Gegenüber den meisten einfach-verbotenen β-Zerfällen sind alle Matrixelemente mit Ausnahme des $\int B_{ij}$-Matrixelementes stark reduziert. Das bedeutet, daß bei diesem Übergang der »selection rule effect« wirksam ist.
Ein weiteres wichtiges Ergebnis unserer Messung ist eine Entscheidung zwischen den verschiedenen Werten von

$$\Lambda = \frac{i \int \vec{\alpha}}{\xi \int \vec{r}}$$

Wie Dulany et al. [11] zeigten, errechnet man aus den bisherigen Meßdaten des β-Zerfalls des Eu^{152} zwei deutlich getrennte Bereiche für Λ: Ein Bereich liefert den mit der »conserved vector current«-Theorie übereinstimmenden Wert $\Lambda \approx 2{,}5$, der andere Bereich den ihr widersprechenden Wert $\Lambda \approx 1{,}2$. Für die verschiedenen von Dulany et al. [11] angegebenen Werte von Λ und die zugehörigen Parametersätze erhält man für eine Energie von 1,1 Mev folgende Polarisationswerte:

$\Lambda = 1{,}2$	$x = 0{,}520$	$u = 0{,}140$:	$P = -1{,}0318\,\frac{v}{c}$ *
$\Lambda = 2{,}4$	$x = 0{,}110$	$u = 0{,}108$:	$P = -0{,}9650\,\frac{v}{c}$
$\Lambda = 2{,}6$	$x = 0{,}083$	$u = 0{,}090$:	$P = -0{,}9741\,\frac{v}{c}$
$\Lambda = 3{,}0$	$x = 0{,}045$	$u = 0{,}043$:	$P = -0{,}9875\,\frac{v}{c}$

Der der CVC-Theorie widersprechende Wert $\Lambda = 1{,}2$ liefert eine Polarisation, die deutlich außerhalb der Fehlergrenzen unseres Ergebnisses liegt. Damit ist gezeigt, daß nur noch der Bereich mit $\Lambda \approx 2{,}5$ mit allen Meßergebnissen dieses β-Zerfalls übereinstimmt. Unsere Messung ist daher ein weiterer Hinweis auf die Gültigkeit der CVC-Theorie.

* Für $\Lambda = 1{,}2$ sind im Text und in der Bildunterschrift bei [11] unterschiedliche Parametersätze angegeben. Die aus dem in der Bildunterschrift stehenden Parametersatz ($x = 0{,}530$; $u = 0{,}015$) berechnete Polarisation beträgt $P = -0{,}9193 \cdot \frac{v}{c}$ und liegt ebenfalls außerhalb der Fehlergrenzen unseres Meßergebnisses.

9. Zusammenfassung

Zur eindeutigen Bestimmung der zu dem einfach-verbotenen $(3^- \rightarrow 2^+)$-β-Übergang des Eu^{152} beitragenden Kernmatrixelemente muß neben anderen Meßdaten auch der Grad der longitudinalen Polarisation der β-Teilchen bekannt sein. Die zur Polarisationsmessung hier angewandte Methode benutzt die Spinabhängigkeit des Wirkungsquerschnitts für Elektron-Elektron-Streuung (Møller-Streuung). Die β-Teilchen durchlaufen zur Energiesondierung zunächst ein magnetisches Spektrometer und werden dann in einer bis zur Sättigung magnetisierten Eisen–Nickel-Folie gestreut. Zwei symmetrisch zur Strahlrichtung der β-Teilchen aufgestellte Szintillationszähler und eine »fast-slow«-Koinzidenzapparatur sondern aus dem Untergrund der elastisch an Atomkernen gestreuten β-Teilchen die Møller-Streuereignisse aus. Durch Ummagnetisieren der Folie kann die Spinrichtung der ausgerichteten Hüllenelektronen geändert werden. Die Polarisation der β-Teilchen erhält man dann aus dem Verhältnis zweier Koinzidenz-Zählraten.

Um den Einfluß systematischer Fehler möglichst klein zu halten, wurde die Polarisation der β-Teilchen des Eu^{152} relativ zu der sehr genau bekannten Polarisation der β-Teilchen des P^{32} gemessen. Als Ergebnis erhielten wir:

$$P\,(Eu^{152}) = -(0{,}959 \pm 0{,}028)\,\frac{v}{c}$$

Damit ist die ξ-Approximation, die $P = -\frac{v}{c}$ liefert, hier nicht gültig. Unser Meßergebnis stimmt ausgezeichnet mit dem von ALEXANDER und STEFFEN [6] nach den bisher vorliegenden Messungen anderer Größen vorgeschlagenen Satz von Kernmatrixelementen überein, für den $P = -0{,}958\,\frac{v}{c}$ folgt. Einige andere Sätze von Kernmatrixelementen können durch das Ergebnis unserer Polarisationsmessung ausgeschlossen werden. Dabei zeigt sich, daß unsere Messung der longitudinalen Polarisation der β-Teilchen sowohl einer Messung des β-γ_{zirkular}-Korrelationskoeffizienten $P_c(\Theta)$ als auch einer Messung des Spektrumsfaktors $C(W)$ bei der Bestimmung der Kernmatrixelemente überlegen ist.

Ein wichtiges Ergebnis unserer Messung ist die Entscheidung zwischen den verschiedenen Werten von

$$\Lambda = \frac{i \int \vec{\alpha}}{\xi \int \vec{r}}$$

die mit den bisherigen Meßergebnissen noch zu vereinbaren waren. Der Wert $\Lambda = 1{,}2$ liefert eine Polarisation, die deutlich außerhalb der Fehlergrenzen unseres Ergebnisses liegt. Die für $\Lambda = 2{,}4$ berechnete Polarisation stimmt dagegen sehr gut mit unserem Ergebnis überein. Damit ist es gelungen, durch die Polarisationsmessung einen neuen Hinweis für die Gültigkeit der »conserved vector current«-Theorie zu geben.

Literaturverzeichnis

[1] Mott, N. F., Proc. Roy. Soc. A 124, 425 (1929), und A 135, 429 (1932).
[2] Frauenfelder, H., (et al.), Phys. Rev. 106, 386 (1957).
[3] Kotani, T., Phys. Rev. 114, 795 (1959).
[4] Langer, L. M., und D. R. Smith, Phys. Rev. 119, 1308 (1960).
[5] Dulaney, H., C. H. Braden und L. D. Wyly, Phys. Rev. 125, 1620 (1962).
[6] Alexander, P., und R. M. Steffen, Phys. Rev. 128, 1783 (1962).
[7] Sunier, J. W., P. Debrunner und P. Scherrer, Nucl. Phys. 19, 62 (1962).
[8] Berthier, J., R. Lombard und J. W. Sunier, Compt. rend. 252 (1961), 257.
[9] Feynman, R. P., und M. Gell-Mann, Phys. Rev. 109, 193 (1958).
[10] Fujita, J., Phys. Rev. 126, 202 (1962).
Eichler, J., Z. Phys. 171, 463 (1963).
[11] Dulaney, H., C. H. Braden, und L. D. Wyly, Nucl. Phys. 52, 79 (1964).
[12] Bincer, A. M., Phys. Rev. 107, 1434 (1957).
[13] Ford, G. W., und C. J. Mullin, Phys. Rev. 108, 477 (1957).
[14] Scott, G. G., Rev. Mod. Phys. 34, 102 (1962).
[15] van Heek, K. H., H. D. Schilling und L. Wallek, Nucl. Instr. 29, 35 (1964).
[16] Siegbahn, K., ($\alpha\beta\gamma$)-Spectroscopy, Vol. 2, 1450.
[17] Mühlschlegel, B., und H. Koppe, Z. Phys. 150, 474 (1958).
[18] Bienlein, H., K. Günther, H. von Issendorf und H. Wegener, Nucl. Instr. 4, 79 (1959).

Forschungsberichte des Landes Nordrhein-Westfalen

Herausgegeben im Auftrage des Ministerpräsidenten Heinz Kühn
von Staatssekretär Professor Dr. h. c. Dr. E. h. Leo Brandt

Sachgruppenverzeichnis

Acetylen · Schweißtechnik

Acetylene · Welding gracitice
Acétylène · Technique du soudage
Acetileno · Técnica de la soldadura
Ацетилен и техника сварки

Arbeitswissenschaft

Labor science
Science du travail
Trabajo científico
Вопросы трудового процесса

Bau · Steine · Erden

Constructure · Construction material · Soil research
Construction · Matériaux de construction · Recherche souterraine
La construcción · Materiales de construcción
Reconocimiento del suelo
Строительство и строительные материалы

Bergbau

Mining
Exploitation des mines
Minería
Горное дело

Biologie

Biology
Biologie
Biologia
Биология

Chemie

Chemistry
Chimie
Quimica
Химия

Druck · Farbe · Papier · Photographie

Printing · Color · Paper · Photography
Imprimerie · Couleur · Papier · Photographie
Artes gráficas · Color · Papel · Fotografía
Типография · Краски · Бумага · Фотография

Eisenverarbeitende Industrie

Metal working industry
Industrie du fer
Industria del hierro
Металлообработывающая промышленность

Elektrotechnik · Optik

Electrotechnology · Optics
Electrotechnique · Optique
Electrotécnica · Optica
Электротехника и оптика

Energiewirtschaft

Power economy
Energie
Energía
Энергетическое хозяиство

Fahrzeugbau · Gasmotoren

Vehicle construction · Engines
Construction de véhicules · Moteurs
Construcción de vehículos · Motores
Производство транспортных · Средств

Fertigung

Fabrication
Fabrication
Fabricación
Производство

Funktechnik · Astronomie

Radio engineering · Astronomy
Radiotechnique Astronomie
Radiotécnica · Astronomía
Радиотехника и астрономия

Gaswirtschaft

Gas economy
Gaz
Gas
Газовое хозяйство

Holzbearbeitung

Wood working
Travail du bois
Trabajo de la madera
Деревообработка

Hüttenwesen · Werkstoffkunde

Metallurgy · Materials research
Métallurgie · Materiaux
Metalurgia · Materiales
Металлургия и материаловедение

Kunststoffe

Plastics
Plastiques
Plásticos
Пластмассы

Luftfahrt · Flugwissenschaft

Aeronautics · Aviation
Aéronautique · Aviation
Aeronáutica · Aviación
Авиация

Luftreinhaltung

Air-cleaning
Purification de l'air
Purificación del aire
Очищение воздуха

Maschinenbau

Machinery
Construction mécanique
Construcción de máquinas
Машиностроительство

Mathematik

Mathematics
Mathématiques
Mathemáticas
Математика

Medizin · Pharmakologie

Medicine · Pharmacology
Médecine · Pharmacologie
Medicina · Farmacología
Медицина и фармакология

NE-Metalle

Non-ferrous metal
Metal non ferreux
Metal no ferroso
Цветные металлы

Physik

Physics
Physique
Física
Физика

Rationalisierung

Rationalizing
Rationalisation
Racionalización
Рационализация

Schall · Ultraschall

Sound · Ultrasonics
Son · Ultra-son
Sonido · Ultrasónico
Звук и ультразвук

Schiffahrt

Navigation
Navigation
Navegación
Судоходство

Textilforschung

Textile research
Textiles
Textil
Вопросы текстильной промышленности

Turbinen

Turbines
Turbines
Turbinas
Турбины

Verkehr

Traffic
Trafic
Tráfico
Транспорт

Wirtschaftswissenschaften

Political economy
Economie politique
Ciencias económicas
Экономические науки

Einzelverzeichnis der Sachgruppen bitte anfordern

Westdeutscher Verlag · Köln und Opladen
567 Opladen/Rhld., Ophovener Straße 1–3, Postfach 1620

GPSR Compliance
The European Union's (EU) General Product Safety Regulation (GPSR) is a set of rules that requires consumer products to be safe and our obligations to ensure this.

If you have any concerns about our products, you can contact us on

ProductSafety@springernature.com

In case Publisher is established outside the EU, the EU authorized representative is:

Springer Nature Customer Service Center GmbH
Europaplatz 3
69115 Heidelberg, Germany

www.ingramcontent.com/pod-product-compliance
Ingram Content Group UK Ltd.
Pitfield, Milton Keynes, MK11 3LW, UK
UKHW061700190726

13853UKWH00008B/2322

* 9 7 8 3 6 6 3 0 6 6 7 0 5 *